工业产品
设计手绘实例教程
（第2版）

李远生　编著

U0240502

人民邮电出版社

北　京

图书在版编目（CIP）数据

工业产品设计手绘实例教程 / 李远生编著. -- 2版
. -- 北京 ：人民邮电出版社，2020.8（2021.9重印）
ISBN 978-7-115-54126-0

Ⅰ．①工… Ⅱ．①李… Ⅲ．①工业产品－产品设计－
绘画技法－教材 Ⅳ．①TB472

中国版本图书馆CIP数据核字(2020)第089563号

内 容 提 要

本书共 11 章，分为 3 个层次，对应教学的需要，配备有视频和教学课件。第 1～3 章是基础部分，主要讲解线条、透视以及简单造型基础。第 4～5 章是提高部分，主要培养读者对画面的整体控制能力以及马克笔和色粉笔的综合运用能力。第 6～11 章是实战部分，通过不同类型产品的手绘范例讲解和学员作品展示，增强读者对手绘的理解和应用能力。

本书在内容上循序渐进，涵盖了多种类型的工业产品手绘范例。本书面向工业设计专业的学生及想要提高手绘表达能力的职业手绘者，也可以作为工业设计手绘教学的教材。

◆ 编　著　李远生
　　责任编辑　张丹阳
　　责任印制　马振武

◆ 人民邮电出版社出版发行　　北京市丰台区成寿寺路 11 号
　　邮编　100164　　电子邮件　315@ptpress.com.cn
　　网址　https://www.ptpress.com.cn
　　北京鑫丰华彩印有限公司印刷

◆ 开本：880×1230　1/20
　　印张：10.2
　　字数：412 千字　　　　　　　　　　2020 年 8 月第 2 版
　　印数：18 901—20 100 册　　　　　　2021 年 9 月北京第 3 次印刷

定价：79.00 元

读者服务热线：**(010)81055410**　印装质量热线：**(010)81055316**
反盗版热线：**(010)81055315**
广告经营许可证：京东市监广登字 20170147 号

前言

Preface

手绘作为一种传统的表现技法，一直沿用至今。即使在Photoshop、 Rhino、3ds Max等效果图软件发展迅猛的今天，它也一直保持着自己独特的优势和地位，并以其极强的艺术感染力，向人们传递着设计师的创作理念和情感。在追求完美形式、提高艺术修养、强化设计语言的同时，设计师也越来越青睐于手绘。

手绘效果图是指在产品设计的过程中，通过手绘的技术手段，直观而形象地表达设计师的构思意图、设计目标的表现性绘画。手绘效果图不但能传递设计语言，而且它的每一根线条、每一个色块、每一个结构构成元素，都能在很大程度上反映出设计师的专业素质、人文修养和审美能力。手绘的优势是快捷、简明、方便，能随时记录和表达设计师的灵感。

基于以上观念，从我国高等艺术设计教学的需要出发，根据多年的实践经验，编者再次升级了这本实例教程。本书共11章，综合研究与系统讲解产品设计效果图表现技法的基本理论、表现基础与训练方法等，包括绘制产品设计效果图所需的绘画工具、产品设计效果图表现技法的基础、产品设计效果图的范例讲解等内容。本书重点讲解产品设计手绘技法及应用，内容丰富翔实、系统性强、适用面广，适合产品设计相关行业的从业人员学习使用，也可作为各类院校工业设计专业的教材。

编　者

Resources and Support

资源与支持

本书由"数艺设"出品，"数艺设"社区平台（www.shuyishe.com）为您提供后续服务。

配套资源

书中案例的手绘效果图绘制过程演示视频。
PPT教学课件。

资源获取请扫码

"数艺设"社区平台，为艺术设计从业者提供专业的教育产品。

与我们联系

我们的联系邮箱是 szys@ptpress.com.cn。如果您对本书有任何疑问或建议，请您发邮件给我们，并请在邮件标题中注明本书书名及ISBN，以便我们更高效地做出反馈。

如果您有兴趣出版图书、录制教学课程，或者参与技术审校等工作，可以发邮件给我们；有意出版图书的作者也可以到"数艺设"社区平台在线投稿（直接访问 www.shuyishe.com 即可）。如果学校、培训机构或企业想批量购买本书或"数艺设"出版的其他图书，也可以发邮件联系我们。

如果您在网上发现针对"数艺设"出品图书的各种形式的盗版行为，包括对图书全部或部分内容的非授权传播，请您将怀疑有侵权行为的链接通过邮件发给我们。您的这一举动是对作者权益的保护，也是我们持续为您提供有价值的内容的动力之源。

关于"数艺设"

人民邮电出版社有限公司旗下品牌"数艺设"，专注于专业艺术设计类图书出版，为艺术设计从业者提供专业的图书、U书、课程等教育产品。出版领域涉及平面、三维、影视、摄影与后期等数字艺术门类，字体设计、品牌设计、色彩设计等设计理论与应用门类，UI设计、电商设计、新媒体设计、游戏设计、交互设计、原型设计等互联网设计门类，环艺设计手绘、插画设计手绘、工业设计手绘等设计手绘门类。更多服务请访问"数艺设"社区平台www.shuyishe.com，我们将提供及时、准确、专业的学习服务。

■ 目 录

Contents

第 ① 章 基础工具和线条训练

1.1 手绘工具·························· 9

❶ 铅笔······················· 9

❷ 马克笔····················· 9

❸ 尺规······················· 9

❹ 高光笔····················· 9

❺ 色粉笔····················· 9

1.2 线条训练························ 10

1.2.1 直线····················· 10

❶ 中间重两头轻的直线练习··········· 10

❷ 头重尾轻的直线练习············· 10

❸ 头尾等重的直线练习············· 10

❹ 不同类型直线的综合运用··········· 11

1.2.2 曲线····················· 12

❶ 曲线的训练方法··············· 12

❷ 曲线的综合应用··············· 13

1.2.3 圆······················ 13

❶ 圆的练习··················· 13

❷ 圆的应用··················· 14

1.3 练习任务························ 14

第 ② 章 透视基础

2.1 一点透视······················· 16

2.1.1 一点透视画法················ 16

2.1.2 一点透视作图方法与应用·········· 16

2.2 两点透视······················· 17

2.2.1 两点透视画法················ 17

2.2.2 两点透视作图方法与应用·········· 18

2.3 练习任务························ 18

第 ③ 章 产品形体塑造

3.1 基本形体的塑造··················· 20

3.1.1 切角练习·················· 20

3.1.2 圆角练习·················· 21

3.1.3 简单弧面练习················ 23

3.2 基本几何形体的作图技巧············· 24

3.3 练习任务························ 24

第 ④ 章 马克笔、色粉笔运用技巧

4.1 马克笔的运用技巧·····················26
 ❶ 马克笔的笔触······················26
 ❷ 不同形体的上色技巧··············27
 ❸ 马克笔的应用······················28
4.2 色粉笔的上色技法·····················29
4.3 材质表现·································30
 ❶ 金属·····························30
 ❷ 皮革·····························30
 ❸ 玻璃·····························31
 ❹ 塑料·····························31
 ❺ 木材·····························31
4.4 练习任务·································31

第 ⑤ 章 形体的表达与处理

5.1 形体的明暗处理·····················33
5.2 形体的理解与绘制··················34
5.3 细节的刻画··························35
5.4 练习任务····························35

第 ⑥ 章 电子类产品绘制范例

6.1 降噪耳机设计························37
6.2 游戏手柄设计························40
6.3 电竞手柄设计························43
6.4 游戏鼠标设计························48
6.5 数码相机设计························51
6.6 蓝牙音响设计························54
6.7 头戴耳机设计························58
6.8 体感手柄设计························62
6.9 便携投影仪设计······················66
6.10 手持摄像头设计·····················69
6.11 助听器设计·························74
6.12 练习任务····························76

第 ⑦ 章 家电类产品绘制范例

7.1 电吹风设计··························78
7.2 咖啡机设计··························81
7.3 果汁壶设计··························85
7.4 热水壶设计··························89
7.5 吸尘器设计··························93
7.6 打印机设计··························96
7.7 冲击钻设计··························99
7.8 碎纸机设计·························102
7.9 烤面包机设计························105
7.10 电动螺丝刀设计·····················108
7.11 练习任务····························112

第 8 章 通信类产品绘制范例

8.1　电话机设计 114

8.2　路由器设计 117

8.3　对讲机设计 120

8.4　监控器设计 123

8.5　遥控器设计 126

8.6　老年手机设计 128

8.7　蓝牙耳机设计 131

8.8　智能手表设计 134

8.9　VR眼镜设计 136

8.10　练习任务 138

第 9 章 生活用品类产品绘制范例

9.1　卷笔刀设计 140

9.2　订书机设计 143

9.3　剃须刀设计 146

9.4　美容仪设计 148

9.5　草坪机设计 151

9.6　望远镜设计 154

9.7　灭火器设计 157

9.8　防毒口罩设计 160

9.9　高尔夫球杆设计 163

9.10　登机牌扫码器设计 166

9.11　练习任务 168

第 10 章 交通类产品绘制范例

10.1　方向盘设计 170

10.2　单车座椅设计 173

10.3　平衡车设计 176

10.4　独轮车设计 179

10.5　轮滑鞋设计 182

10.6　电动车设计 185

10.7　摩托车设计 188

10.8　农用车设计 191

10.9　挖掘机设计 193

10.10　概念车设计 197

10.11　练习任务 199

第 11 章 学员作品

第 **1** 章.

基础工具和线条训练

■ 1.1 手绘工具

1.2 线条训练

1.3 练习任务

1.1 手绘工具

设计草图与效果图是产品设计中创意的基本表现形式。手绘工具是画面表达的主要媒介,任何手绘形式都离不开工具。因此，熟练掌握和运用手绘工具，是画好设计草图与效果图的关键。

❶ 铅笔

一般选择辉柏嘉的彩色铅笔，分油性与水性两种。画产品手绘线稿时一般用黑色铅笔。

❷ 马克笔

马克笔通常用来快速表达设计构思，以及绘制设计效果图。马克笔有单头和双头之分，能迅速表达效果，是当前最主要的绘图工具之一。现阶段使用较多的是油性和酒精双头马克笔，常见的品牌有COPIC、FINECOLOUR、SANFORD、STA、TOUCH、POTENTATE。建议初学者选择STA、FINECOLOUR等比较经济实惠的马克笔进行练习。

❸ 尺规

在绘制一些比较严谨的产品手绘效果图时，可以借助尺规绘制，或者在绘制后期使用尺规矫正线条。尺规分为椭圆板、正圆板和曲线板。

❹ 高光笔

高光笔有白色铅笔和水性笔两种，其功能是在绘制后期用来处理产品手绘的高光部分，增强产品的光感与材质。

❺ 色粉笔

色粉笔跟马克笔有着同样的功能——为产品上色。但是色粉笔比马克笔在上色过渡方面要均匀自然很多，适合用于绘制产品曲面；缺点是容易弄脏画面。

1.2 线条训练

在练习手绘初期，线条训练是最基础的一部分。产品的结构、透视、比例等都需要用线条去塑造，所以线条是产品设计手绘表达最基本的语言。

1.2.1 直线

直线是最常用的一种线，多用于起稿草图和概括结构。直线的线型一般有3种，分别是中间重两头轻、头重尾轻和头尾等重。

❶ 中间重两头轻的直线练习

在纸上随意定两个点（两点间距离一般为7cm~10cm），然后使用笔尖迅速穿过两点。在练习过程中，笔尖可以悬空在两点之间来回滑动以寻找直线的轨迹，找到感觉之后迅速用笔尖穿过两点，如下图所示。

中间重两头轻直线

❷ 头重尾轻的直线练习

在纸上随意定两个点（两点间距离一般为7cm~10cm），先将笔尖定在起点位置上，然后迅速画向终点，笔尖即将到达终点时迅速离开纸面，如下图所示。

头重尾轻直线

❸ 头尾等重的直线练习

在纸上随意定两个点（两点间距离一般为7cm~10cm），先将笔尖定在起点位置上，然后迅速画向终点，笔尖到达终点时停止，如右图所示。

头尾等重直线

❹ **不同类型直线的综合运用**

　　线条具有很强的抽象性，同时有着较强的动感、质感、速度感，它由点的运动产生，定向延伸成直线。线条的绘制是绘画中最基础也是最重要的一部分，它不仅是一种绘画技能，还是一种绘画语言。

　　下图所示是移动硬盘绘制范例。　　　　　　　　　　　　下图所示是充电宝绘制范例。

直线的综合应用1

直线的综合应用2

下图所示是路由器绘制范例。

直线的综合应用3

1.2.2 曲线

曲线是点运动时方向连续变化所形成的线。在现代产品设计中，曲线设计语言被大量运用，如流线型设计、过渡曲面、圆形按钮、倒角形态等。

① 曲线的训练方法

曲线练习分为三点曲线练习和四点曲线练习，甚至更多点的练习。练习时手要放松，笔尽量与纸面保持垂直，笔尖可以悬空来回滑动以寻找曲线的轨迹，当感觉差不多时迅速用笔尖穿过点，如下图所示。

三点曲线练习

四点曲线练习

注意：定3个不在同一直线上的点，然后用笔尖迅速穿过。

注意：定4个不在同一直线上的点，然后用笔尖迅速穿过。

曲线的练习

注意：先画出透视线，然后有规律地练习曲线；运笔速度要快，注意透视关系。

② 曲线的综合应用

　　利用前面学习的曲线知识，用流畅的曲线画一些曲面的产品。画之前先定好点，然后用流畅的曲线把它们连起来，最后把曲线衔接好即可。

曲线的综合应用

1.2.3　圆

① 圆的练习

　　圆也是曲线的一种，即几何形曲线。在产品手绘中，圆也会经常用到。圆的绘制相对较难，如下图所示。

圆的练习

❷ 圆的应用

圆的应用1

圆的应用2

圆的应用3

1.3 练习任务

要求：参考本章的线条练习和应用，分别练习绘制直线、曲线和圆，画满10张A3纸（基本功的练习量要大）。

第 **2** 章
透视基础

2.1 一点透视

2.2 两点透视

2.3 练习任务

透视是人从不同角度、距离观看物体时的基本视觉变化规律，它所包含的主要视觉现象是近大远小。在产品绘制过程中，我们经常会把透视分成一点透视（平行透视）、两点透视（成角透视）和三点透视，本章介绍一点透视与两点透视。透视在绘画中很重要，其正确与否关系到整幅画的好与坏，所以必须熟练掌握透视关系。

2.1 一点透视

一点透视又叫平行透视，以正方体为例，每个物体只有一个消失点，而且消失点在视平线上。

2.1.1 一点透视画法

一点透视要注意的是，横向的线都要与水平线平行，竖向的线都要与水平线垂直，简单来说就是"横平竖直一点消失"。

一点透视成像图

2.1.2 一点透视作图方法与应用

一点透视的作图方法和应用如下。

一点透视的作图方法

一点透视的应用1——望远镜　　　　　　一点透视的应用2——吸尘器　　　　　　一点透视的应用3——游戏手柄

2.2 两点透视

　　两点透视又称为成角透视，由于它有两个透视消失点，因此得名两点透视。 两点透视是指观者从一个倾斜的角度，而不是从正面的角度来观察目标物。因此观者可以看到各景物在不同空间上的面块，也可以看到各面块消失在两个不同的消失点上，且这两个消失点皆在同一水平线上。两点透视在画面上的构成从物体最接近观者视线的边界开始，然后物体会从这条边界往两侧消失，直到变成水平线上的两个消失点。

2.2.1 两点透视画法

　　两点透视的画法如下图所示。

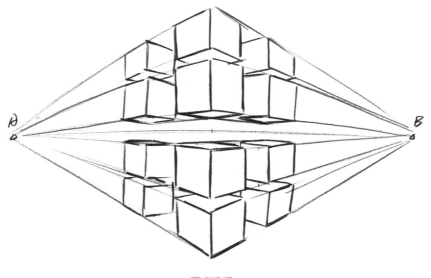

两点透视

2.2.2 两点透视作图方法与应用

两点透视的作图方法和应用如下图所示。

两点透视成像图

两点透视的应用——耳机盒

两点透视的应用——剃须刀

2.3 练习任务

要求：参考本章的透视讲解，分别画出一点透视和两点透视的成像图，再选一个产品分别画它的一点透视和两点透视的视角。

第 3 章
产品形体塑造

3.1 基本形体的塑造

3.2 基本几何形体的作图技巧

3.3 练习任务

3.1 基本形体的塑造

在正常的视觉范围内，形态的具体形状具有多样性，大致可归纳为圆形、椭圆形、不规则圆形、正方形、长方形、梯形、等腰三角形、不规则三角形等。任何产品的设计都不能脱离这些基本形状进行构想。恰恰是因为对这些形状的组织与使用，作品才得以完成。然而，形状的运用是有着内在的关联性和互动性的，这种关联性和互动性往往表现在设计者对形状的组织和表现能力上。

3.1.1 切角练习

在练习切角前，需要理解什么是切角。切角是同一个平面与角的两边相切，相切的角度通常是45°，但不是固定的，这要看产品本身的需要。

练习方法：先用线条画个长方体，然后定点，大小不定，用线条将它们连接起来即可将角切出，如下图所示。

切角练习

切角综合训练手绘稿1——移动硬盘

切角综合训练手绘稿2——翻盖手机

3.1.2　圆角练习

圆角是用一段圆弧与角的两边相切后得到的角，圆角的大小用圆弧的半径表示。

练习方法：先用线条画个长方体，然后定点，大小不定，将点与点连起来，在小方形里画出对角线，在对角线三分之一的位置上定点，再把这3个点用曲线连接，如下图所示。

圆角练习1

圆角练习2

圆角应用

3.1.3　简单弧面练习

弧面是在平面的基础上有规律地向上凸或者向下凹而形成的面，很多产品会运用到弧面，例如鼠标、剃须刀等。

练习方法：先用线条画一个四边形，定好点后画出辅助线，然后根据弧面大小定点，最后将点连起来即可，如下图所示。

弧面练习1（向上凸）

弧面练习2（向下凹）

弧面应用1——时尚手机　　　　　　　　　　弧面应用2——空气净化器

3.2 基本几何形体的作图技巧

按照几何学的定义，体是面移动的轨迹。而在立体构成中，体不仅是面移动的轨迹，它还表现为面的围合、空间曲线、空间曲面等。占有空间或限定空间的形体统称为立体。

练习方法：一般我们绘制产品的第一步就是先了解产品的结构，然后选取视角进行绘画，初学者可以先画方体以便寻找产品的形，有一定基础的读者可以直接定点画，每画一个结构前都要先拿笔悬空滑动以寻找形的感觉，感觉对了才下笔，这样可以避免形不准；两条线的衔接处一定要衔接好，尽量衔接成一条流畅的线，如下图所示。

作图技巧练习1 —— 面包机

作图技巧练习 2 —— 卷发器

3.3 练习任务

要求：参考本章中切角和圆角的绘制技巧，练习切角、单向圆角和复合圆角的绘制。

第 **4** 章
马克笔、色粉笔运用技巧

- 4.1 马克笔的运用技巧
- 4.2 色粉笔的上色技法
- 4.3 材质表现
- 4.4 练习任务

　　一张好的手绘效果图少不了马克笔或者色粉笔。在手绘效果图的表现中，马克笔与色粉笔是一对"最佳搭档"，特别是在光亮部位的表现上，它们之间的配合更加紧密。在手绘效果图中，马克笔往往起着"骨架"的作用，支撑着形态的结构与转折；色粉笔则控制着形态曲度的强弱。因此，控制好马克笔与色粉笔的使用是画好手绘效果图的关键。

4.1 马克笔的运用技巧

❶ 马克笔的笔触

　　绘制时尽量将笔头与纸面充分接触，避免出现断断续续的笔触。使用马克笔在起点到终点之间进行绘制时，如果在纸面上停留时间过长，就会出现大面积渗透。在练习的过程中要多练习绘制横排笔触、竖排笔触和渐变笔触，如下图所示。

② **不同形体的上色技巧**

（1）方体上色技巧。先确定光源方向，理解黑、白、灰的对比关系，然后按从暗到亮的步骤铺色，分出亮、暗、灰3个面即可。

（2）圆柱体上色技巧。先确定光源方向，找出明暗交界线，然后从交界线位置分别往亮面和暗面过渡，高光处留白即可。

（3）球体上色技巧。先确定光源方向并找出明暗交界线，然后从交界线位置分别往亮面和暗面过渡。注意要顺着球面的弧度特征运笔。

❸ 马克笔的应用

马克笔应用1——扫码器

马克笔应用2——监控器

马克笔应用3——机箱

马克笔应用4——蓝牙音响

4.2 色粉笔的上色技法

　　色粉笔在效果图中是比较常用的工具，特别是在处理曲面时，能使过渡比较均匀。与马克笔稍有不同，色粉笔的着色效果比马克笔的层次多，但是比较容易弄脏画面，注意在使用过程中切勿大力揉搓，可借助纸巾或者直接用手指进行涂抹。下面是色粉笔的几种上色技法。

　　（1）头重尾轻渐变。可以用便利贴贴住一边，然后将色粉笔往另一边轻揉，注意控制好力度，涂抹均匀。

　　（2）中间重四边轻。用纸巾蘸一点色粉左右来回轻揉，注意上下左右与中间的用力大小。

　　（3）单边重往另一边渐变。用便利贴贴住下面，在上方使用色粉笔左右来回轻揉。

　　（4）上下重左右渐变。用便利贴贴住上下两边，在中间使用色粉笔左右来回涂抹，注意控制好颜色的均匀度。

　　当同种颜色的马克笔没有深浅之分时，很难画出立体的感觉，特别是在处理物体的曲面时，这时就可以利用色粉笔去处理。上图是利用了色粉笔来处理亮面与暗面之间的过渡效果，处理得非常均匀。

　　上图是先在曲面上涂一层色粉，然后再用马克笔去处理，最后再利用深色马克笔加重明暗交界线，用白色铅笔刻画高光。从上图可以看出色粉笔的过渡比马克笔的均匀很多。

4.3 材质表现

在手绘表现中，比较常遇到的材质有金属、皮革、玻璃、塑料、木材等，下面列举了这几种常见材质的表现例子。

❶ 金属

金属的特点是硬度高，反光对比强，亮面处大面积留白。

❷ 皮革

皮革的最大特点是除了纹理外就是线缝结构，反光程度偏弱。

③ **玻璃**

玻璃最大的特点是透明，不同玻璃的透明程度不一样，绘制时一定要表现出其通透性和容器厚度。

④ **塑料**

塑料分亮光塑料和磨砂塑料，应根据粗糙程度来绘制相应的反光对比效果。

⑤ **木材**

固有色和纹理是木材的主要特征，且其反光程度比较弱，铺色时平铺即可。

4.4　练习任务

要求：参考本章的材质表现方法，分别练习绘制金属、皮革、玻璃、塑料和木材材质。

第 5 章.

形体的表达与处理

5.1 形体的明暗处理

5.2 形体的理解与绘制

5.3 细节的刻画

5.4 练习任务

5.1 形体的明暗处理

任何一个不透明的物体，在光的照射下都会有明暗的变化。美术上称的"三大面"，即亮面、灰面、暗面，它们都代表颜色的深度。通常我们在画一个物体时，还要考虑光的反射，即由于反射光线作用到暗面的一部分而形成的"反光"。在绘画中具体的表现分别是：亮面、灰面、明暗交界线、暗面和反光。绘制好明暗关系是表现物体的立体感最有效的方法，下面举几个例子进行解说。

下图讲解的是产品在光照下的明暗面区分。即使是一个面，也会有从暗到亮的微妙变化，投影也是如此。

产品明暗面分布

5.2 形体的理解与绘制

下图是游艇操控器的形体明暗面分布讲解图，综合讲解了一个产品在光照下的明暗面分布。

第一亮部，受光面留白处理

第二亮部，比第一亮部弱一点

暗面，整体概括处理

第三亮部，受光面留白处理

暗面，整体概括处理

第四亮部，也可以理解为灰面

弧面的明暗交界线

游艇操控器明暗面分布

建筑工具方案图案例

家电产品方案图案例

椅子方案图案例

电工产品方案图案例

5.3　细节的刻画

　　一张优秀的手绘作品，其中的细节处理一定要到位。细节一般表现在物体的结构转折处或按键、屏幕等地方。下面是一些常见的曲面结构的细节处理方法。

细节处理方法

5.4　练习任务

　　要求：参考本章的产品线稿图和局部细节图，针对性地练习产品的细节表达。

第 6 章.
电子类产品绘制范例

扫描二维码
看本章视频

Button◁

Infrared ray

2020.2.6

■ 6.1　降噪耳机设计

6.2　游戏手柄设计

6.3　电竞手柄设计

6.4　游戏鼠标设计

6.5　数码相机设计

6.6　蓝牙音响设计

6.7　头戴耳机设计

6.8　体感手柄设计

6.9　便携投影仪设计

6.10　手持摄像头设计

6.11　助听器设计

6.12　练习任务

6.1 降噪耳机设计

步骤01 画出主体的大概轮廓线。

步骤02 根据比例画出另一个角度的耳机。

步骤03 加重线条，刻画出产品结构的厚度。画出降噪音耳机的投影。

步骤04 用264号马克笔概括出大体的明暗交界线，注意头尾笔触的粗细变化。

步骤05 由于产品表面是皮革材质，因此可以平铺绘制亮面位置，但是运笔的速度要快一些。

步骤06 用272号马克笔为耳机的连接部分、另一个角度的耳机的连接部分和主体的前部铺色，注意笔触的走势要顺着结构。

步骤07 用241号马克笔为入耳塞的结构上色，因其为半透明材质，所以亮面处要适当留白处理。

步骤08 用242号马克笔加重明暗交界线，注意小厚度的结构可以用小笔头刻画。

步骤09 用铅笔刻画皮革材质连接处的缝纫细节，注意前后虚实表现要合理。用270号至272号灰色马克笔画出投影。

投影的近实远虚处理

皮革材质线缝特征刻画

透明材质

注释文字对齐

圆圈背景

控制按键

顶察

软质透明

皮革材质

充电接触点

步骤10 用白色铅笔刻画高光，再用4号马克笔画出圆圈背景，注释相应的结构，最后用橡皮把脏乱的线条擦干净。

6.2 游戏手柄设计

步骤01 用铅笔勾勒出手柄的大致轮廓。

步骤02 确定造型并加重线条，画出另一个角度的手柄。

步骤03 借助辅助线把按键结构刻画出来。

步骤04 完善其他按键，注意观察位置是否合适。画出另一个角度的手柄，注释相应结构。

步骤05 用2号马克笔为顶部的大面铺色，注意不要涂到中间的按钮上，上色的速度要尽量快。

步骤06 用同样的方法为另一个角度的手柄上色。可以将大小笔头切换上色。

步骤07 用5号马克笔在第一遍颜色的基础上加重，注意深浅过渡要尽量自然。用271号灰色马克笔为俯视图的手柄及另两个角度的手柄暗部上色。

步骤08 用271号马克笔为按键结构铺底色，亮面处留白。

步骤09 用271号马克笔加重对比，注意整体的光影方向要保持统一。

明暗交界线（注意曲面的过渡）

箭头指示（表示旋转方向）

笔触间隔过渡（用轻松笔触处理）

次要视图弱化（简单概括）

边缘反光处留白

Button

Infrared ray

2020.2.6

步骤10 用180号马克笔加重黄色结构的明暗交界线，用241号和242号马克笔为背景图形和箭头上色，最后用高光笔或白色铅笔提亮高光处，增强光感。

6.3 电竞手柄设计

步骤01 用长线画出产品的大致轮廓，注意透视关系。

步骤02 确定形体透视后加重轮廓线，在形体上画中线以便找出相应结构。

步骤03 按从大到小的顺序画出产品上的结构。

步骤04 细化手柄，再根据特征画出另一个角度的手柄，注意不同角度手柄之间的大小对比。

步骤05 画出摇杆并细化。为了方便铺颜色，过于小的结构可以先不刻画，否则会影响铺色的干净度和连贯性。用铅笔画出电竞手柄的投影轮廓。

步骤06 设定光源的方向，用270号灰色马克笔从大面积的材质开始铺色。因为产品有两种材质，所以产品有两种颜色。

步骤07 第一遍颜色先用271号灰色马克笔整体概括，定好明暗面之后再用不同笔触丰富过渡。

步骤08 用较深的272号灰色马克笔在第一遍颜色的基础上找到并加重明暗交界线，注意马克笔的收尾，笔触应沿着形体特征走。

步骤09 用137号马克笔为手柄的两侧铺上颜色。因为面积比较小，所以平铺即可。尽量在高光的位置留白。

步骤10 根据大体的明暗关系，用273号灰色马克笔加重红色部分的明暗交界线，注意控制笔触的大小。

步骤11 适当刻画一下细节，用灰色马克笔和140号马克笔为摇杆上色，并画出摇杆的箭头示意以突出操控的运动方向。

步骤12 利用小笔触完善结构之间的连接，用铅笔画出手柄的投影使产品结构更加有立体感。注意刻画顶部的显示屏幕。

270　271　272　273　137　140　26

高光部分尽量留白处理

远处留白弱化处理

显示屏刻画

局部细节放大刻画

2020.2.22

步骤13 用高光笔刻画出高光，注意不要画太多，用26号马克笔画出背景。如果画面整洁，则可以画一点结构之间的投影。

6.4 游戏鼠标设计

步骤01 利用大长线画出鼠标的大致轮廓。

步骤02 大体定出主要结构的位置。

步骤03 画出鼠标相应的结构，并且将控制按钮的局部细节放大刻画。

步骤04 用270号灰色马克笔为产品的暗部铺色。

步骤05 用271号灰色马克笔加重产品的暗部颜色，以增强产品的立体感。用272号灰色马克笔为鼠标滚轮和按钮上色。

步骤06 用铅笔画出背景轮廓，用273号灰色马克笔刻画出产品细节，注释相应结构。

270　271　272　273　241

边缘转折的笔触连贯处理

弧面的明暗交界线

背景色平铺

按钮细节放大刻画

使用方式及情景

button

2020.2.18

步骤07 用深灰色马克笔为鼠标的暗部铺上颜色，注意强化明暗交界线，根据鼠标的结构运笔，并在高光处适当留白。用241号马克笔为背景和箭头铺上颜色。

6.5 数码相机设计

步骤01 画出相机机身的整体轮廓，此时可省略小结构。

步骤02 确定大致线条，然后根据整体的透视关系画出镜头。

步骤03 根据主图的比例关系推敲出一个向前角度的相机，次要的图可以简化处理。画出背景和投影的轮廓。

步骤04 用橡皮清理杂线。从暗部开始，用270号灰色马克笔刻画整体结构。

步骤05 用271号马克笔为侧视角度相机的整体的暗部都铺上颜色，亮面先留白，注意转折面之间的明暗关系。

步骤06 用272号马克笔加重明暗交界线。

步骤07 用同样的方法为另一角度的相机铺上颜色。用273号马克笔铺投影，再用271号马克笔根据光影关系概括一下次要角度。

步骤08 用灰色马克笔把显示屏、快门按钮和镜头的刻度等细节部分刻画出来。

270　271　272　273　26

显示屏刻画

镜头焦距刻度刻画

笔触连贯处理

次要角度弱化处理

CAMERA

Shutter

Display

button

Tison
2020.2.29

步骤09 用273号马克笔强调主要的明暗交界线，用白色铅笔刻画高光，注释相应结构，最后用26号马克笔画出绿色背景，给全灰的产品添加点缀。

6.6 蓝牙音响设计

步骤01 概括出产品的几何形体（圆柱体）。

步骤02 根据圆柱体画出相应的结构辅助线，概括出突出结构。

步骤03 把圆柱体与突出结构连接起来，并加重线条。

步骤04 根据比例画一个一点透视角度的蓝牙音响，以衬托主图。

步骤05 选取一个结构进行放大刻画，完成线稿，准备上色。

步骤06 用272号马克笔为形体的暗面铺色，顶面和亮面先留白，最后再根据整体颜色来刻画。

步骤07 用271号马克笔为灰面铺色，注意与暗面的颜色对比不要太强，亮面的高光处适当留白。

步骤08 用灰色马克笔加重暗面和明暗交界线，增强亮暗对比，注意笔触间的过渡。

步骤09 用241号蓝色马克笔顺着整体的结构走向为中间扬声器铺上颜色。

步骤10 用273号深灰色马克笔平涂顶部的显示屏，注意适当留白以体现光感。用铅笔为蓝牙音响画出投影。

步骤11 用242号深蓝色马克笔的小笔头刻画扬声器的表面肌理，注意虚实变化。

步骤12 用铅笔修整整体的结构线，再用137号马克笔为箭头填上颜色。

步骤13 检查整体的明暗关系，尽量保持统一。用137号红色马克笔为箭头和背景上色，跳跃的笔触和颜色可以使效果呈现得更好。注释相应结构。

6.7 头戴耳机设计

步骤01 画透视辅助线，再定点画出相应的结构。

步骤02 把耳机和固定杆的结构线连接好，注意刻画耳机的厚度。

步骤03 根据耳机的结构，在主图后面画出正视角度的头戴耳机。画出头戴耳机的投影轮廓。

步骤04 分析并确定耳机部分的材质，然后用271号马克笔刻画听筒的海绵材质。

步骤05 用270号马克笔过渡亮部，注意海绵结构的圆角特点，可以通过切换笔头的大小来刻画。

步骤06 用26号马克笔给外壳和固定杆铺上颜色，注意高光位置的留白，其他部分平涂即可。

步骤07 用26号马克笔刻画外壳和固定杆，注意刻画曲面结构的转折特点。

步骤08 用27号和30号马克笔加重绿色部分的暗面和明暗交界线，注意要顺着曲面的转折来运笔。

步骤09 用272号和273号马克笔加重整体的明暗交界线，再用暖灰色给投影位置铺上颜色。用铅笔画出背景轮廓。

远处结构适当减弱对比度

受光面的留白处理

暗面的过渡

次要角度的概括处理

感应控刻

步骤10 用白色铅笔刻画高光位置以增强光感。用156号橙色马克笔为背景铺色，平铺的同时可以适当留些缝隙，这样会显得更通透。注释相应结构。

6.8 体感手柄设计

步骤01 用铅笔画出主体轮廓，注意刚开始的定稿线
条不需要画太重。

步骤02 当产品比例无须调整时便可适当加重线条。

步骤03 根据比例画出另一个角度的体感手柄，注意
主次关系。

步骤04 画出产品上较大的按钮结构。

步骤05 基本形体画好后就可以开始铺色。
用270号和271号马克笔为主要视图的明暗
面铺色，定出光源方向。

步骤06 根据光源方向，用灰色马克笔
为3个角度的体感手柄的暗面铺上一层颜
色，注意不要一下子把颜色铺得很重，
多次叠加上色。

步骤07 在第一遍颜色的基础上用272号马克笔加重明暗交界线，注意颜色过渡要均匀。明暗交界线加重后，整体的立体感会更加明显。

步骤08 由于产品都是灰色，因此用156号马克笔给它们加个背景，丰富一下画面。

270　271　272　273　156

角度的箭头引导指示

光源方向标记（初学者可做记号提醒）

亮面的环境反光

远处弱化处理

结构注释

步骤09 修整轮廓。用铅笔结合马克笔在笔触不够重的地方用273号马克笔适当加重，用高光笔在转折受光的地方刻画高光。注意合理刻画，否则就会失去该有的质感。注释相应结构。

6.9 便携投影仪设计

步骤01 画出主体的轮廓，注意线条的弧度。

步骤02 根据产品的特点画出另一个角度的便携投影仪，不同角度投影仪之间可以适当遮挡。

步骤03 修整整体的线条关系，刻画按钮细节，注释相应结构。

步骤04 用264号马克笔为便携投影仪铺色，注意用笔速的快慢控制上色的深浅。

步骤05 用同样的方法为另一角度的便携投影仪铺上颜色。

步骤06 由于便携投影仪前面的结构是金属材质，因此用270号马克笔先为它打个底。

步骤07 在底色的基础上用273号马克笔加强对比，突出金属质感。

步骤08 用273号马克笔刻画镜头结构，注意镜头的特征与球面的特征类似。

步骤09 用271号马克笔过渡金属部分结构，再用铅笔刻画皮革材质的线缝细节，突出皮革材质的特征。用272号马克笔画出正向便携投影仪的投影。

270　271　272　273　264　241

转折处留白处理

曲面的过渡

金属的反光处理

镜头的高光

camera

2020.2.6

步骤10 用272号马克笔画出另一个角度的便携投影仪的投影。用白色铅笔刻画线缝的细节，注意近实远虚的渐变关系。用241号马克笔铺背景颜色，并在便携投影仪上适当画点环境色表示反光。

6.10 手持摄像头设计

步骤01 画出第一个角度的外轮廓。

步骤02 将产品的结构线梳理清楚。

步骤03 画出另一个角度的手持摄像头。

步骤04 根据形体的比例画一个仰视角度的手持摄像头，在形体的基础上刻画出手持的动作，注意透视关系。

步骤05 定出光源方向，用271号马克笔为暗面铺上颜色，注意在圆角高光处留白。

步骤06 用同样的方法给把手铺上颜色，注意先用适中的灰色铺底，不要一下子就画得很重，亮面可用270号浅灰色马克笔绘制。

步骤07 在第一遍颜色的基础上用272号马克笔加重暗面和明暗交界线，第一遍颜色的作用是突出颜色过渡的层次感。

步骤08 按照同样的光源方向，用137号红色马克笔为手持投影仪的边结构铺上颜色。这种比较窄的结构不需要太多过渡，适当留白即可。

步骤09 手持投影仪的正面是摄像头，其表面是半透明玻璃，反光对比较强，所以用273号深灰色马克笔直接刻画。

步骤10 连续铺色时纸张容易湿透，这时可以暂停一下，用铅笔修整结构线，待纸张干了之后继续用深灰色马克笔刻画。

步骤11 用140号马克笔（深一点的红色）加重转折处，增强立体感。

步骤12 用白色铅笔刻画分模线上的高光，丰富结构的连接关系。

270　271　272　273　137　140　241

笔触的概括　　　　　环境色　　　　液晶材质刻画　　　　　手持刻画

摄像头

可穿戴结构

手持方式

步骤13 给相应的结构写上注释，用241号马克笔在产品的后面画一个矩形当作背景，目的是增强产品之间的联系和空间感。

6.11 助听器设计

步骤01 画出助听器的大致轮廓。　步骤02 推敲出另一个角度的助听器，使两个角度的助听器组成一个组合。　步骤03 加重整体的结构线条，并刻画出按钮结构和投影。

步骤04 用26号绿色马克笔给主体铺上颜色，注意运笔速度要快。

步骤05 用同样的方法为右边的视图铺上颜色，注意结构转折处的笔触要连贯。

步骤06 顺着整体的光影，用271号灰色马克笔为其余结构铺上颜色。与耳塞连接的结构类似圆柱，因此要注意该结构明暗交界线和边缘留白的处理。

步骤07 用30号马克笔加重绿色结构的暗部，可以通过运笔的快慢来控制颜色的深浅。用273号马克笔画出投影。

步骤08 用272号马克笔加重尾部结构的明暗交界线，注意笔触应由粗到细。

步骤09 用272号马克笔加重绿色结构的转折处。因为绿色属于冷色，所以可以用冷灰加重此处，但是不能把笔触画得太粗。

步骤10 使用5号马克笔给产品画出背景，绿色与黄色的搭配让整张图变得更丰富。在反光处适当画点环境色，给结构加上相应的注释。

6.12 练习任务

要求：参考本章的电子类产品效果图，选取其中一个案例进行临摹，可以主观变换视角和配色。

扫 描 二 维 码
看 本 章 视 频

.第 **7** 章
家电类产品绘制范例

■ 7.1 电吹风设计

7.2 咖啡机设计

7.3 果汁壶设计

7.4 热水壶设计

7.5 吸尘器设计

7.6 打印机设计

7.7 冲击钻设计

7.8 碎纸机设计

7.9 烤面包机设计

7.10 电动螺丝刀设计

7.11 练习任务

可拆卸

透明材质

垃圾入口

7.1 电吹风设计

步骤01 根据轮廓的辅助线画出圆筒结构。　步骤02 顺着辅助线画出整体的结构线，加重主要结构线。　步骤03 刻画出风口细节，把电吹风的厚度处理好。

步骤04 画一个向前角度的电吹风当作次要角度，注意透视关系。　步骤05 修整整体的线条并画出箭头，准备上色。

步骤06　用271号马克笔为电吹风暗部铺上一层颜色，亮面留白。271号马克笔的颜色属于中间色，利于后期过渡处理。

步骤07　用272号马克笔加重明暗交界线，注意明暗交界线要连贯。

步骤08　用4号马克笔为电吹风前面部分上色。电吹风整体的造型呈圆柱形，即使材质不一样，明暗关系也是统一的，所以笔触的运笔方向要统一。

步骤09　用5号和180号马克笔加重电吹风前面部分的明暗交界线。

271 272 273 4 5 180 241

圆圈背景丰富画面

高光处留白处理

进风口方向箭头指示

结构之间的投影

进风口

进风口
开关按钮

步骤10 用273号马克笔刻画电吹风暗部，用5号马克笔为箭头铺色。在转折处刻画出高光，注释相应的结构信息，再用241号马克笔（对比色）在电吹风后面画圆圈作为背景丰富画面。

7.2 咖啡机设计

步骤01 根据咖啡机的比例画出大体轮廓线。

步骤02 确定整体造型并加重线条，画出底座结构。

步骤03 在已画出的咖啡机形态的后面画另一个视角的咖啡机，两者之间可以适当遮挡，突出产品之间的空间感。

步骤04 调整整体的结构线条，用橡皮把一些杂乱多余的线擦干净，准备上色。

步骤05 设定光源方向，用26号马克笔进行铺色。建议铺色时先铺面积较大的结构，并且铺的颜色应先浅后深。

步骤06 用同样的方法为后面的咖啡机铺色，注意在圆角的地方留白，用作高光，暗部可用27号马克笔加重。

步骤07 用30号深绿色马克笔加重明暗交界线，注意笔触头尾衔接的连贯性。

步骤08 用270号和271号马克笔为顶部和托盘铺色，同样是先铺浅色再用深色加重。顶部和托盘是金属材质，所以其中的留白可以多点。

步骤09 用272号马克笔加深顶部，突出金属材质效果，注意马克笔的运笔速度应尽量快，干练一点才能画出明显的立体感。

步骤10 用273号马克笔继续加重明暗交界线，突出金属的强对比特征。用156号马克笔和灰色马克笔刻画托盘上的杯子，表现其透明质感。

箭头的指示

笔触连贯

显示屏刻画

大面积铺色时适当留白过渡

显示屏

出水口

托盘

MSON 2020.2.7

步骤11 刻画水位刻度线和温度显示屏等细节部分，注释相应结构，用高光笔刻画高光。用156号马克笔画背景，背景不一定要全铺满，因为画面中已有大面积绿色，所以只画背景线框也可以。

7.3 果汁壶设计

步骤01 画出果汁壶的大体轮廓线，注意透视关系。

步骤02 确定产品造型并加重线条，注意其是透明材质需要画出厚度。

步骤03 画出另一个角度的果汁壶，重点画顶部的盖子结构，壶身可以不画全。

步骤04 大体画出果汁壶里面的一些过滤结构。

步骤05 单独刻画盖子结构，丰富构图。画出果汁壶的投影轮廓。

步骤06 把整体的线条修整一下，给投影铺上铅笔调子，体现其悬空状态。注释相应的结构。

步骤07 用270号和271号灰色马克笔为果汁壶里面的结构铺上颜色，注意形体的转折特征。

步骤08 把里面的结构涂上颜色后，用271号马克笔为透明外壳铺上颜色，因为受到外壳的遮挡影响，所以适当减弱两者的对比度。

步骤09 注意转折处的深浅过渡。用272号和273号马克笔刻画壶身的明暗交界线和壶盖。

步骤10 用4号颜色马克笔平涂盖子和把手部分，注意即使是平面也要适当留白。

步骤11 用4号马克笔为其余角度的盖子铺上颜色，由于该颜色比较浅，因此在涂的时候可以直接平涂，控制好运笔的速度即可。

步骤12 注释相应的结构信息。用180号马克笔加深盖子的暗部，用241号马克笔为箭头上色。用240号马克笔在透明结构上铺一遍色，丰富颜色间的对比，也可以将其理解为环境色的反光。

7.4 热水壶设计

步骤01 画出产品的轮廓。

步骤02 画出产品的特征结构，刻画分模线。

步骤03 根据比例画一个不同角度的热水壶，以多角度表现产品。

步骤04 画出箭头、投影和背景的轮廓。处理整体的线条关系，用橡皮将多余的杂线清理干净以便上色。

步骤05 将产品的表面设定为金属材质，因此用270号马克笔在明暗交界处铺上浅灰色。

步骤06 用同样的方法为另一个角度的热水壶铺上颜色。

步骤07 由于金属材质的特点是明暗对比强，因此第二遍铺色时使用颜色更深的灰色马克笔（271号）来加重。

步骤08 使用272号马克笔进一步加重明暗交界线，注意运笔速度要快，否则容易晕色。

步骤09 壶身为金属材质，可以大面积留白。用26号和27号马克笔为热水壶顶部铺色，由于其面积较小，因此平涂即可。

步骤10 用30号马克笔在绿色结构中加重明暗交界线，用273号马克笔为投影铺上颜色，画出正面角度热水壶的进水口。

步骤11 注释相应结构。用绿色马克笔画背景和箭头，注意要加重产品与背景衔接的结构线，避免两者混为一体。在热水壶上适当加点环境色表示反光，丰富画面。

7.5 吸尘器设计

步骤01 画出产品的大致轮廓。

步骤02 根据比例画出产品中的结构。

步骤03 调整并加重结构线条，再画出另一个角度的吸尘器。

步骤04 用26号绿色马克笔为把手部分的暗部铺上颜色。

步骤05 用26号绿色马克笔为顶面也铺上颜色，注意在转折的地方留白处理。

步骤06 用27号和30号马克笔加重明暗交界线，注意深色笔触的大小。

步骤07 用271号马克笔为把透明壳里面的结构铺上颜色，注意减弱对比。

步骤08 根据整体的明暗关系，用270号浅灰色马克笔为透明结构铺色，注意运笔速度要快一些。

步骤09 过渡好整体的笔触关系，用272号马克笔描一下分模线。

步骤10 用273号马克笔加重明暗交界线，用铅笔给吸尘器画出投影，注意虚实变化。

270 271 272 273 26 27 30 156

箭头的指示

笔触粗细变化

透明材质的穿透特点

文字注释对齐

可拆卸

透明材质

垃圾入口

Nison
2020.2.77

步骤11 标注好对应的结构信息。用156号马克笔画出箭头和背景,箭头指示用于丰富说明,背景用于衬托产品。

7.6 打印机设计

步骤01 起稿，用线条画出打印机的大体结构。

步骤02 调整造型并加重主要结构线。

步骤03 大结构确定后，把小结构也刻画出来。

步骤04 画出打印机的投影轮廓，用271号马克笔为打印机的大体结构铺色。

步骤05 暗部可以直接用272号马克笔铺色，亮面注意留白。

步骤06 用270号和272号马克笔在底色的基础上过渡，丰富层次的变化。用273号马克笔刻画显示屏，并用同样的方法为另一角度的打印机上色。

步骤07 用272号马克笔加重暗面和明暗交界线。

步骤08 用4号马克笔为打印机上色，用颜色来区分两者之间的材质。

步骤09 用5号马克笔为箭头铺色，并画出显示屏上的环境色反光，用273马克笔在显示屏上写上时间等信息，并画出打印机的投影。

270　271　272　273　4　5

边缘留白处理

顶部亮面概括处理

俯视图概括处理

黄色纸张用以区分材质

Display

Paper

步骤10 用273号和5号马克笔分别加重明暗交界线，用4号和5号马克笔铺背景，注释相应结构。

7.7 冲击钻设计

步骤01 定出产品的透视方向，根据比例画出产品的大体轮廓。

步骤02 调整大体结构并把关键结构划分出来。

步骤03 在划分结构的基础上把转头和按钮结构画出来。

步骤04 细化结构，注意结构线条的主次之分。

步骤05 把产品分为两种材质，用270号和271号马克笔为面积较大的材质的暗面铺色。

步骤06 用272号马克笔刻画钻头细节。用137号红色马克笔平涂另一材质，再处理两材质间的过渡，用深灰色马克笔加重暗部。

步骤07 用273号马克笔加重整体的明暗交界线，用灰色和红色马克笔刻画按钮局部细节。

步骤08 用140号马克笔加重红色部分的明暗交界线，用灰色马克笔刻画冲击钻细节。

步骤09 处理结构之间的连接关系，用白色铅笔刻画结构转折处和分模线上的高光。

270　271　272　273　137　140　241

钻头太长，因此可以虚化处理

局部细节放大刻画

高光连续刻画

留白处理

档位调节

转头存放处

button

2020.2.28

步骤10 注释相应的结构信息，用241号马克笔给产品画出背景和箭头指示，背景色的渐变处理可以体现前后虚实的效果。

7.8 碎纸机设计

步骤01 用长线画出产品大致的长宽高比例。

步骤02 根据大体轮廓线和辅助线画出相应的结构。

步骤03 用灰色马克笔（270号至273号）给中间结构铺上颜色，注意运笔方向要顺着结构走势。

步骤04 用4号黄色马克笔给外壳铺层底色，注意在转折处留白。

步骤05 用5号和180号马克笔加重明暗交界线，注意过渡合理避免生硬。

步骤06 用灰色马克笔画出投影，注意近实远虚的过渡处理。

步骤07 在主体后面画出另一个角度的碎纸机，注意近大远小的对比关系。

步骤08 用271号和272号马克笔将另一角度的碎纸机概括一下。

步骤09 刻画显示屏，并用高光笔或白色铅笔画出高光，注释相应结构。定出背景的位置，注意与产品之间的联系。

步骤10 用马克笔结合铅笔修整整体的结构转折，不够重的地方可以用273号马克笔进一步加重，高光处留白处理或者用高光笔刻画。用241号马克笔为背景铺上颜色，平铺即可，在碎纸机上适当画点背景色表示反光。

7.9 烤面包机设计

步骤01 把产品形体理解成一个几何体，根据透视辅助线画出大致轮廓。

步骤02 在大致轮廓上画出产品的特征结构。

步骤03 确定整体造型并加重线条，注意线条的轻重关系。

步骤04 画出另一个正面角度的烤面包机，以丰富画面，展示更多信息。画出烤面包机的投影轮廓。

步骤05 设定光源位置，用271号马克笔给侧面结构铺色。

步骤06 用272号马克笔加重转折处，强调曲面的明暗变化。

步骤07 用4号马克笔给烤面包机的外壳铺层颜色。

步骤08 用5号和180号马克笔加重外壳曲面的明暗交界线。

步骤09 用灰色马克笔刻画曲面上的按钮，用黄色和灰色马克笔概括出面包形体，用137马克笔为箭头上色。

271　　272　　273　　4　　5　　180　　137

曲面留白处理

箭头指示作用

明暗交界线

使用面包示意

画包

调节旋钮

2020.2.23

步骤10 用5号马克笔过渡一下明暗交界线周围的颜色，用273号马克笔为投影铺色，注释相应结构，用137马克笔为背景上色。最后用白色铅笔刻画按钮细节和高光细节。

7.10 电动螺丝刀设计

步骤01 用长线快速勾勒出电动螺丝刀的大致轮廓。

步骤02 调整轮廓的比例和透视关系，加重正确的结构线。

步骤03 根据主图推敲出另一个角度的电动螺丝刀。这样可以多角度地展示产品的信息，这一角度的电动螺丝刀可以适当简化处理。

步骤04 将按钮结构局部放大刻画，注意尽量画在原图旁边。加重整体的线条。

步骤05 用271号马克笔为电动螺丝刀的暗面铺上颜色，注意运笔要顺着结构走势。

步骤06 用同样的方法为画面中其他角度电动螺丝刀的相同材质的结构铺上颜色。

步骤07 用272号和273号马克笔加重明暗交界线，注意运笔的速度尽量快一点，否则颜色容易被晕开。

步骤08 用4号马克笔为主体中间位置铺上颜色，用平铺的方法打个底即可，不需要进行过渡。

步骤09 用同样的方法为次要角度电动螺丝刀和按钮细节铺上颜色，注意笔触的收尾处不要停顿，否则会出现块状颜色影响效果。

步骤10　根据整体的结构关系，用5号马克笔（深一点的黄色）加重黄色结构的明暗交界线。

步骤11　用180号马克笔（更重的黄色）进一步加重明暗交界线，可以切换深浅不同的黄色马克笔来刻画明暗交界线的过渡。

次要角度弱化处理

局部细节放大刻画

更换装置

明暗交界线

边缘虚化处理

按到键

螺丝装夹

步骤12 用铅笔修整整体的结构线，特别是被马克笔盖掉的主要线条。注释相应的结构信息，用137马克笔为箭头上色，最后用高光笔刻画高光细节。

7.11 练习任务

要求：参考本章的家电类产品效果图，选取其中一个案例进行临摹，可以主观变换视角和配色。

扫描二维码
看本章视频

第 8 章

通信类产品绘制范例

- 8.1 电话机设计
- 8.2 路由器设计
- 8.3 对讲机设计
- 8.4 监控器设计
- 8.5 遥控器设计
- 8.6 老年手机设计
- 8.7 蓝牙耳机设计
- 8.8 智能手表设计
- 8.9 VR眼镜设计
- 8.10 练习任务

8.1 电话机设计

步骤01 画出大体轮廓，注意透视关系。

步骤02 确定并加重结构线条，画出外壳厚度。

步骤03 借助辅助线画出顶部的结构。

步骤04 画出另一个角度的电话机。细化电话机的厚度，将结构分模线画清晰，方便后面的材质刻画。

步骤05 用271号马克笔为内部结构铺色，注意转折处的留白与过渡。

步骤06 用272号马克笔在第一遍颜色的基础上加重明暗交界线。

步骤07 用156号马克笔为电话机表面铺上颜色，注意曲面尽量不要铺太满。

步骤08 画出背景，并用241号马克笔为背景上色，使两个视图更有联系性。

强化材质对比

亮面高光留白

背景色适当留白过渡

次要角度概括处理

步骤09 为了加强材质的反光对比，可以用273号灰色马克笔在橙色结构的转折处叠涂一两笔，加重一下明暗交界线，注意不要画太多，否则会使画面变脏。

8.2 路由器设计

步骤01 将路由器整体看成一个几何体，按照透视关系画出架子轮廓。

步骤02 在架子的基础上画出辅助线，借助辅助线画出其他结构。

步骤03 根据主图的特征推敲出其他角度的路由器，以多角度展示路由器。

步骤04 画出另一个角度的打印机，细化路由器的结构并加重结构线，注意近实远虚。

步骤05 用271号马克笔为主体铺上颜色。该路由器形体基本上都是平面，铺色时要注意光影变化。

步骤06 用272号马克笔为暗部铺上颜色，控制笔速的快慢画出渐变效果。

步骤07 用同样的方法为旁边的形体铺上颜色，注意主次关系。

步骤08 用273号马克笔再一次加重暗部，特别注意转折的地方越往后颜色越浅。同时画出投影。

271 272 273 26

大面积铺色时可以斜着运笔

从前到后的深浅过渡

转折处最重

主次弱化对比

步骤09 给相应的结构写上注释。由于整体的材质颜色都是灰色，因此可以选一种明亮的色彩当背景色并作为点缀色。此处用的是26号马克笔为背景铺色，在留白的位置适当画点环境色以增强光感。

8.3 对讲机设计

步骤01 画出大致轮廓。

步骤02 根据比例画出主要结构。

步骤03 画出圆角结构，细化并加重主体结构线条。

步骤04 在主体后面画一个其他角度的对讲机。

步骤05 定好光源方向，用271号马克笔为暗部铺色。

步骤06 用272号马克笔加重转折处，注意其型面特征。

步骤07 用270号马克笔在亮面铺一层颜色，适当留白。再用156号马克笔为前面的对讲机表面铺色。

步骤08 用156号马克笔为后面的对讲机表面的结构铺色，平铺即可。

步骤09 用273号马克笔画对角线来刻画显示屏细节。

步骤10 按照光源的方向用灰色马克笔画出对讲机的投影，铺色时注意近实远虚。

步骤11 用241号马克笔画出背景色，这样可以起到平衡画面的作用。

受光面的留白处理

笔触的粗细控制

显示屏的刻画

白色铅笔刻画高光

信号接收器

显示屏

麦克风

2020.3.5

步骤12 在屏幕中写上时间以突出显示屏的特点，给相应的结构写上注释，用白色铅笔刻画高光。

8.4 监控器设计

步骤01 根据辅助线画出监控器的大致轮廓，注意圆的透视。

步骤02 加重结构线，大体画出其他结构。

步骤03 根据主图的比例推敲出其他角度的监视器，重点表达镜头部分。

步骤04 根据光源方向，用270号马克笔画出明暗交界线。

步骤05 用271号马克笔画出暗面并加重明暗交界线。因该形体是球面与主题的结合，所以要注意刻画曲面的渐变。

步骤06 用272号和273号马克笔加重暗面和明暗交界线，注意铺色区域和留白区域的比例。

步骤07 修整过渡的笔触，注意主次关系。用灰色马克笔画出投影以增强空间感。

270　271　272　273　4

金属材质的亮面留白

金属材质的明暗交界线

圆形背景丰富画面

箭头示意

步骤08　画出箭头，用箭头指示镜头的转动结构。用4号马克笔画出圆形作为背景，并在监控器的受光处适当加点环境色。

8.5 遥控器设计

步骤01 采用形体组合连接的方法绘制大结构。

步骤02 画出主体的小结构和另一个角度的遥控器。曲面产品的曲线尽量保持流畅，注意控制线条的轻重。

步骤03 用240号马克笔按照形体的结构走势铺色。

步骤04 用241号马克笔强调明暗交界线。

步骤05 用271号和272号马克笔给按钮部分和暗面铺色，注意表现微突变化。

步骤06 用242号和273号马克笔进一步加重明暗交界线，注意控制笔触的粗细。

271　272　273　5　240　241　242

活跃的弧线

按键细节刻画

颜色对比减弱

弧面的明暗交界线处理

button

Dyson
2020.7.18

步骤07 用灰色马克笔刻画按钮的细节，用白色铅笔刻画出整体的高光，用排线的方法画出产品的投影。给相应的结构加上注释，用5号马克笔为背景铺色，并在遥控器的高光处适当加点环境色。

8.6 老年手机设计

步骤01 画出手机的大致轮廓。

步骤02 根据轮廓画出结构线，注意透视关系。画出老年机的正视角度的大致轮廓。

步骤03 在正视图中画出手势操作示意图，勾勒出手的轮廓即可。

步骤04 加重线条，根据比例画出手机的按键和屏幕。画出投影轮廓线。

步骤05 用271号马克笔为老年手机的正面概括地铺上颜色。

步骤06　用272号马克笔加重转折处和按键，表现出厚度。

步骤07　用273号马克笔画出大致对角线来表示显示屏。

步骤08　用156号马克笔为手机的外壳铺上颜色，注意转折的地方留白以作高光。

步骤09　用272号马克笔加重凸起来的结构以增强立体感，再用铅笔刻画按键。给投影铺上铅笔调子。

271 272 273 156 241

铅笔调子表现投影

显示屏信息刻画

对比色的背景衬托

手势操作示意

步骤10 刻画显示屏和按键的细节，用白色铅笔刻画高光。用241号马克笔为背景上色，并在显示屏上适当添加环境色。

8.7 蓝牙耳机设计

步骤01 定好辅助线，画出主体的大致轮廓。

步骤02 调整并加重结构线，注意圆的大小变化。

步骤03 用同样的方法推敲出另一个角度的蓝牙耳机，可先画出圆的结构再根据比例延伸画出其他结构。

步骤04 修整线条，用橡皮把一些没有用的杂线清理干净。

步骤05 把按键的细节局部放大刻画，注意放置在主体周围。

步骤06 用270号和271号马克笔为主体的内部结构概括地铺上颜色。

步骤07 用同样的方法为其他角度的蓝牙耳机铺上颜色。

步骤08 用272号和273号马克笔加重暗面。

步骤09 用156号马克笔为主体的外壳铺上颜色。

步骤10 用同样的方法为其他角度的蓝牙耳机外壳铺上颜色。铺色的时候注意适当留白，不然会没有光感。

步骤11 用178号马克笔加重转折的地方。用铅笔画出投影。

270　271　272　273　156　178

亮面概括

暗面转折加重

描边强调产品形状

功能注释

步骤12　刻画按键细节结构并注释相应的结构，用156号马克笔画出背景以装饰画面，并在蓝牙耳机上适当添加环境色。

8.8 智能手表设计

步骤01 用浅线条画出智能手表的大致轮廓，注意整体透视关系。

步骤02 确定整体造型并加重线条，画出智能手表的厚度。

步骤03 划分出显示屏的位置，再画出智能手表的正视图。

步骤04 用271号马克笔给主体的表带铺色。

步骤05 用271号马克笔为正视图铺色时，平铺即可。

步骤06 用272号马克笔加重暗面位置。用铅笔画出背景和投影轮廓。

步骤07 用273号马克笔刻画智能手表的显示屏。

环境色的刻画

显示屏的显示信息

白色铅笔刻画高光

正视图概括处理

步骤08 用铅笔在显示屏上刻画显示信息，增强智能手表的识别性。用5号马克笔为背景铺色，并在反光处适当画点环境色，用铅笔画出投影。

8.9 VR眼镜设计

步骤01 把产品看作是一个几何体，根据比例画出大体轮廓。

步骤02 确定整体造型并加重线条，注意线条的轻重变化。

步骤03 画出固定绑带，注意虚化收尾。

步骤04 在主体后面画出VR眼睛的正视图，并且画出主体的投影轮廓，以增强画面的空间感。

步骤05 用271号马克笔铺个底色。

步骤06 用272号马克笔加重明暗交界线。

步骤07 使用深浅不同的马克笔270号至272号修整过渡处的颜色。

步骤08 用271号马克笔为侧面结构铺色。用156号马克笔画出前面结构的暗部轮廓。

步骤09 用156号马克笔为前面结构上色，根据透视的方向斜着运笔即可。因为此处是亮面，所以要适当留白。

步骤10 用273号马克笔加重整体的暗部，加强对比。

步骤11 用排线的方法画出投影，用铅笔刻画前面结构的肌理效果和固定绑带的线缝细节。

8.10 练习任务

要求：参考本章的通信类产品效果图，选取其中一个案例进行临摹，可以主观变换视角和配色。

第 9 章

生活用品类产品绘制范例

扫描二维码
看本章视频

■ 9.1 卷笔刀设计

9.2 订书机设计

9.3 剃须刀设计

9.4 美容仪设计

9.5 草坪机设计

9.6 望远镜设计

9.7 灭火器设计

9.8 防毒口罩设计

9.9 高尔夫球杆设计

9.10 登机牌扫码器设计

9.11 练习任务

9.1 卷笔刀设计

步骤01 根据长宽高比例画出大致几何体。

步骤02 在几何体的基础上画出卷笔刀的大致轮廓。

步骤03 根据比例推敲出另一个角度的卷笔刀。

步骤04 给卷笔刀画出背景形状以平衡画面，画出投影。

步骤05 用4号马克笔给主体铺个底色，高光处留白。

步骤06 用5号马克笔稍微加重转折的地方以丰富层次。

步骤07 因为卷笔刀前面的结构是透明材质，所以先用271号马克笔铺卷笔刀内部的颜色。

步骤08 用270号马克笔为另一个角度的卷笔刀铺色，注意明暗交界线与黄色结构一致。

步骤09 用272号马克笔强调透明结构的暗部，并画出卷笔刀上的铅笔。

步骤10 用180号马克笔加重黄色部分结构的明暗交界线，用灰色马克笔画出投影。

步骤11 用241号马克笔为箭头和背景上色，在透明材质结构上可以适当画几笔附近的颜色作为环境色。注释相应结构，最后用白色铅笔刻画高光细节。

9.2 订书机设计

步骤01 画出订书机的外轮廓，并将上下部分连起来。

步骤02 调整外轮廓的比例，加重主要的结构线。

步骤03 修整并连接主要结构线，画出订书机的厚度。

步骤04 根据主体推敲出其他角度的两个订书机。

步骤05 定好光源方向，用241号马克笔平铺暗面。

步骤06 用241号马克笔为订书机的顶部铺上颜色。

步骤07 用271号马克笔为里面的结构铺上颜色，注意刻画金属材质的反光对比。

步骤08 用242号马克笔加重转折的地方，注意往下过渡。用271号马克笔为另一角度的订书机铺色。

步骤09 用272号马克笔加重金属材质的暗面和转折处，强调对比。用同样的方法为侧视角度的订书机上色，并画出背景轮廓。

步骤10 用272号灰色适当加重蓝色部分结构的明暗交界线，强调对比。用273号马克笔画出投影。

正视图概括处理

高光笔触的大小变化

运笔顺着曲面的弧度

投影的虚实变化

步骤11 用137号马克笔给产品画出背景以平衡画面，注释相应结构，最后用白色铅笔刻画高光。

9.3 剃须刀设计

步骤01 画出两个角度的剃须刀的轮廓。

步骤02 根据比例画出大致结构，并加重线条。

步骤03 细化剃须刀表面的结构特征。

步骤04 用4号马克笔平铺表面区域。

步骤05 用5号和180号马克笔加重明暗交界线。

步骤06 用271号和272号马克笔为剃须刀两边的结构上色。

步骤07 用273号马克笔画出剃须刀的投影，利用铅笔刻画剃须刀刀头部分的细节，以及背景和箭头的轮廓。

小笔头铺画点缀

运笔速度加快，颜色连成一片

刀头的细节刻画

刻画时注意主次分明

步骤08 刻画按键和刀头的细节，用137号马克笔为背景和箭头上色，用白色铅笔刻画转折处的高光。

9.4 美容仪设计

步骤01 把美容仪理解成圆柱，画出大致轮廓，暂时忽略重点结构。

步骤02 在圆柱体的基础上划分出美容仪的结构。

步骤03 根据主体画出不同状态的美容仪。

步骤04 细化结构线条，把结构连接处刻画清晰。注释相应结构。

步骤05 用271号马克笔画出平直状态美容仪的暗面。

步骤06 用271号马克笔画出弯折状态美容仪的暗面，注意不同状态美容仪上的高光位置要统一。

步骤07 用272号马克笔加重明暗交界线。为透明材质的结构上色时，应先为结构里面的部分上色。

步骤08 用273号马克笔给显示屏铺色，可以切换马克笔的大小笔头来进行刻画。

步骤09 用26号马克笔为透明结构和箭头铺色。26号属于比较浅的颜色，所以可以直接平铺。

步骤10 用27号和30号马克笔加重透明结构的明暗交界线，注意明暗交界线要和整体统一。画出背景轮廓线。

步骤11 刻画显示屏的细节，可以写上时间作为显示内容。用5号马克笔为背景铺色，用白色铅笔刻画高光，增强光感。

9.5 草坪机设计

步骤01 画出透视辅助线，借助辅助线画出轮廓。

步骤02 加重主体的主要结构线。

步骤03 根据中心辅助线画出草坪机里面的结构。

步骤04 修整整体的结构线，用橡皮把多余的杂线清理干净。

步骤05 用271号马克笔给侧面结构铺色，注意前后过渡。

步骤06 用270号马克笔平铺顶部亮面，注意不要铺太满。

步骤07 顶部用270号马克笔平铺的颜色为底色，用271号马克笔过渡以丰富层次。

步骤08 用272号马克笔加重暗部和转折处的明暗交界线，注意控制运笔速度的快慢，连接好不同深浅的笔触。

步骤09 用156号马克笔给顶部的外壳铺上颜色，注意曲面转折处的颜色深浅变化，高光处留白。

步骤10 用颜色更深的灰色马克笔（273号）加重表现出厚度，使立体感更强，用铅笔强调被马克笔模糊掉的结构线。

270   271   272   273   156   241

边缘留白处理

亮面留白处理

不规则背景营造氛围

由前到后的虚实变化

2020.2.16

步骤11 用272号马克笔强调整体的明暗交界线，橙色的结构中不要画太多重色。用241号马克笔为草坪机的背景铺色以丰富
画面。

9.6 望远镜设计

步骤01 用直线勾勒出望远镜的大致长宽比例。

步骤02 根据比例画出望远镜的主要特征，画出前后的圆作为参考。

步骤03 调整圆的位置并加重线条，根据圆柱体的特征慢慢地把圆与其他结构连接上。

步骤04 画出投影的轮廓线，把整体的线条处理清晰，用橡皮将多余的杂线清理干净。

步骤05 根据圆柱的形体特征，用271号马克笔画出暗部和明暗交界线。

步骤06 用272号马克笔加重明暗交界线，注意前后的深浅和虚实变化。

步骤07 根据主图推敲出望远镜的正视图，简单概括出主要形体即可。用同样的方法为望远镜的正视图上色，并画出背景轮廓线。

步骤08 用5号马克笔为顶部的皮革材质铺上底色，高光位置与整体保持一致，做留白处理。

步骤09 用180号马克笔画出亮面与暗面的过渡，镜片中最突出的位置要留白以作高光。

步骤10 用272号和273号马克笔加重相应的明暗交界线，用铅笔刻画皮革材质的线缝细节，用241号马克笔为背景上色，注释相应结构，最后用白色铅笔刻画高光。

9.7 灭火器设计

步骤01 勾勒出大致轮廓，此时可忽略小结构。

步骤02 确定整体造型并加重线条。

步骤03 根据主图推敲出另一个角度的灭火器，注意线条的虚实之分。

步骤04 细化整体的结构线，根据光源方向画出投影。

步骤05 用137号马克笔给主体铺个底色，在转折处留白。

步骤06 用同样的方法为后面的视图铺上底色。

步骤07 用140号马克笔在转折的地方过渡。

步骤08 用270号和273号马克笔分别给亮面和暗面铺色，注意笔速要快。同时为投影上色。

步骤09 用272号马克笔加重暗部，刻画喷嘴结构的细节。

270   272   273   137   140   241

喷洒方向箭头指示

明暗变化

大面积铺色时尽量不要叠笔

投影增强空间感

步骤10 用241号马克笔为背景铺色，主体的受光面上可以适当画点环境色表示反光。注释相应结构。

9.8 防毒口罩设计

步骤01 起稿，把口罩的大致轮廓勾勒出来。

步骤02 调整整体形态并加重关键结构线。

步骤03 根据主图画出另一个角度的防毒口罩。

步骤04 给口罩画出头型以展示佩戴方式。

步骤05 用272号马克笔将防毒面罩的暗部划分出来。

步骤06 用271号灰色马克笔为防毒口罩的整体概括铺色，注意明暗面的深浅变化。

步骤07 用同样的方法为右边的视图铺上颜色（270号马克笔），运笔时注意结构的转折。

步骤08 用272号和273号马克笔加重相应的转折处。用铅笔画出背景的轮廓。

270　271　272　273　26

步骤09 刻画进气口的肌理和固定绑带的线缝细节，用白色铅笔刻画高光以丰富层次。注释相应结构，用26号马克笔为背景铺色。

9.9 高尔夫球杆设计

步骤01 根据造型比例勾勒出大致的轮廓。

步骤02 大体画出辅助线，再根据辅助线画出相应的结构。

步骤03 细化高尔夫球杆上面的结构，注意先画大结构再画小结构。

步骤04 连接整体的结构并将其刻画清晰，若有脏线则用橡皮擦除。画出另一个角度的球杆。

步骤05 定出光源位置，用271号马克笔铺画暗部。

步骤06 用270号马克笔铺画顶部亮面，运笔时切勿停顿，否则会出现晕开的色块，从而影响画面。

步骤07 用272号马克笔加重暗部，注意弧面特点，颜色最重的地方就是最凸出的地方。

步骤08 马克笔容易把主要的结构线盖住，此时可以用铅笔修整一下。用铅笔画出背景和高尔夫球的轮廓，以及高尔夫球杆的投影。

步骤09 用26号绿色马克笔为背景上色，以平衡画面色彩，用灰色马克笔为高尔夫球上色，增强画面的识别性。

远处的概括笔触

明暗面的转折处理

丰富产品识别辅助信息

弧面的高光

步骤10　用272号和273号马克笔加重暗部和明暗交界线，用30号马克笔加重绿色暗部，注意过渡要均匀，最后用白色铅笔刻画高光以丰富层次。

9.10 登机牌扫码器设计

步骤01 利用大长线勾勒出登机牌扫码器的大致轮廓。

步骤02 修整整体造型并加重主要的结构线。

步骤03 完善结构线并画出按钮，画按钮时可以借助辅助线定位。

步骤04 根据主图推敲出另一个角度的视图，注意近大远小的透视关系。注释相应的结构，并画出背景轮廓。

步骤05 用271号马克笔开始铺色，先铺暗部再铺亮部。

步骤06 圆角转折的地方用272号马克笔压暗，把手处用270号浅色马克笔上色。

步骤07 用273号马克笔将暗部与亮部的颜色过渡好，注意运笔时一定要顺着结构。

步骤08 用137号马克笔为中间结构铺色，运笔速度要尽量快，适当留白作为材质反光。

步骤09 用140号马克笔在红色结构的转折处加重。

步骤10 用铅笔刻画出分模线和截面线，使结构转折更清晰，用241号马克笔为背景铺色以平衡画面。

9.11 练习任务

要求：参考本章的生活用品类产品效果图，选取其中一个案例进行临摹，可以主观变换视角和配色。

第 10 章

交通类产品绘制范例

- 10.1 方向盘设计
- 10.2 单车座椅设计
- 10.3 平衡车设计
- 10.4 独轮车设计
- 10.5 轮滑鞋设计
- 10.6 电动车设计
- 10.7 摩托车设计
- 10.8 农用车设计
- 10.9 挖掘机设计
- 10.10 概念车设计
- 10.11 练习任务

10.1 方向盘设计

步骤01 画出方向盘的大致轮廓，透视效果可以适当夸张一点。

步骤02 根据中线画出方向盘里面的其他结构。

步骤03 将结构线条连接好，再画出方向盘的正面视图。

步骤04 用271号马克笔为暗部铺上颜色。

步骤05 用270号马克笔上色，上色时由暗部慢慢过渡到亮部。

步骤06 用同样的方法给后面的方向盘正视图铺色。

步骤07 用272号马克笔加重暗部，要着重强调转折处。

步骤08　基本的明暗关系确定后，用273号马克笔来丰富笔触，可以根据结构转折特点使笔触的头尾连贯起来。

步骤09　用272号马克笔把结构之间的投影画出来，用铅笔修整一下整体的结构线并画出背景轮廓。

270　271　272　273　26

受光面留白处理

通透的背景笔触

环境色的刻画

区分主次，弱化对比

步骤10 用黑色铅笔刻画结构分模线，用白色铅笔刻画高光，最后用26号马克笔为背景铺色以平衡画面。

10.2 单车座椅设计

步骤01 画出主体的大致轮廓。

步骤02 大体画出中线，再根据中线画出相应结构。

步骤03 调整并加重主要的结构线。

步骤04 根据主体画出单车座椅的侧视图。

步骤05 定好光源方向，用271号马克笔为暗部铺色。

步骤06 用270号马克笔上色，上色时从暗部慢慢过渡到亮部，运笔时注意顺着结构走势，注意笔触。

步骤07 用272号马克笔加重明暗交界线，用137号马克笔顺着灰色笔触画出红色结构的暗部，用铅笔画出投影轮廓。

步骤08 用137号马克笔为亮部铺上颜色，转折的地方注意留白。

步骤09 用4号和5号马克笔为侧面视图铺色。

步骤10 分别用140号、273号和180号马克笔加重整体的明暗交界线。

步骤11 用铅笔按排线的方法给座椅画出相应的投影。

步骤12 用铅笔刻画皮革材质的线缝细节，注意近实远虚。

笔触的连贯控制

线缝细节刻画

快速运笔

明暗交界线的刻画可用深灰色

步骤13 用白色铅笔在线缝和转折处画出高光，用241号马克笔画个线框当作背景以平衡画面。

10.3 平衡车设计

步骤01 把平衡车理解成圆柱，左右两个轮子为两个图，画出大致轮廓。

步骤02 画出轮子的形状，注意前后的大小对比和透视关系。

步骤03 确定踏板的形状，注意近大远小。

步骤04 修整整体的线稿，暂时忽略小结构，注意近实远虚。画出平衡车的正视圆。

步骤05 用271号马克笔给暗面铺上颜色。

步骤06 用270号马克笔平涂踏板顶部区域。

步骤07 用272号马克笔加重踏板的转折处，注意控制笔触的粗细。

步骤08 用270号马克笔为轮子铺色，运笔时要注意顺着轮子的弧面形状。

步骤09 用271号马克笔过渡踏板顶部的颜色，可以重复来回运笔，使其过渡均匀。

步骤10 直接用灰色马克笔刻画踏板顶部的肌理，再用铅笔强调比较靠前的肌理。

弧面的运笔方法

马克笔直接刻画

远处对比适当减弱

亮面的深浅变化

步骤11 用272号和273号马克笔进一步加重明暗交界线，用26号马克笔画出背景以平衡画面，最后用白色铅笔刻画高光。

10.4 独轮车设计

步骤01 用参考点的方法快速起稿，再用浅色线条推敲连接各点。

步骤02 确定整体造型并把主要的结构线加重。

步骤03 将座椅和轮子的结构关系刻画清楚。

步骤04 用270号马克笔为独轮车的暗部铺上颜色。

步骤05 用272号马克笔加重暗部，亮部保持留白，强调光影。

步骤06 用不同深浅的灰色马克笔（270号至272号）在明暗面之间过渡，注意运笔速度要尽量快一些。

步骤07 用270号马克笔在亮部位置处理过渡，注意结合结构特点运笔，笔触的头尾连接要自然。

步骤08 用273号灰色马克笔加重明暗交界线，加强对比。尾灯用137号马克笔上色，作为点缀。

矩形背景平衡画面

颜色层次变化

亮部笔触概括

近实远虚处理

步骤09 用灰色马克笔铺画投影，用铅笔修整整体的结构线，刻画轮胎的纹理以丰富细节，用4号马克笔为背景铺色，在独轮车受光处适当画点环境色。

10.5 轮滑鞋设计

步骤01 用铅笔勾勒出轮滑鞋的大致轮廓，注意比例关系。

步骤02 画出鞋的细节和轮子的大致轮廓。

步骤03 加重结构线，把轮子之间的连接关系处理好。

步骤04 用270号马克笔给轮滑鞋表面铺层底色。

步骤05 根据光源方向用272号马克笔为轮子的暗部铺色。

步骤06 用272号马克笔加重暗部和转折处。

步骤07 用273号马克笔的小笔头刻画鞋带，注意鞋带的
连接关系。

步骤08 用156号马克笔刻画小结构，过于小的结构可以用
小笔头刻画。

270　271　272　273　156

大箭头作为背景

深浅笔触叠加

皮革材质线缝特征

结构线强化

步骤09 用273号马克笔的小笔头刻画结构的小厚度，这同时强调了结构的形状。用271号和156号马克笔画出投影，用156号马克笔为箭头上色，最后用黑色铅笔刻画皮革材质的线缝细节，用白色铅笔刻画高光。

10.6 电动车设计

步骤01 概括画出电动车大致的轮廓，画轮子的时候可以借助辅助线。

步骤02 调整形体的轮廓比例和透视关系，确定每个结构的位置后加重线条。

步骤03 在大轮廓的基础上细化电动车的结构，例如结构的厚度和曲面的渐消变化。

步骤04 根据比例画出电动车的侧视图，简单概括即可。根据电动车的形状画出相应的投影轮廓，并画出背景轮廓。

步骤05 用137号马克笔为主体结构大面积铺色，这是第一遍颜色，平铺即可。

步骤06 用272马克笔给暗部铺上颜色，可以适当留白作为过渡。

步骤07 用270号马克笔为亮面铺上颜色，给亮面铺色时尽量不要铺太满，注意刻画踏板上的细节。

步骤08 用140号马克笔在红色的基础上将明暗面过渡一下，用灰色马克笔为投影铺色。

270　272　273　137　140

深色背景衬托主体

交错用笔丰富笔触变化

侧面概括处理

小笔头刻画阵列纹理

步骤09　用273号马克笔再一次加重暗部，强化亮暗对比。用灰色马克笔为背景铺色，用白色铅笔刻画踏板上的高光细节。

10.7 摩托车设计

步骤01 根据透视关系定出两个轮子的位置。

步骤02 以轮子作为基准画出摩托车的大致形体，可以定点找形。

步骤03 将轮子与主体结构连接好。

步骤04 用272号马克笔为暗部铺上颜色。

步骤05 用273号深灰色马克笔在暗部刻画相应的结构。

步骤06 用271号马克笔为座椅和车轮铺层底色。

步骤07 用铅笔刻画出被马克笔盖住的结构线。

步骤08 用26号马克笔给油箱和摩托车侧面铺上颜色，建议铺色的时候快速来回运笔，这样可以让颜色更通透。

步骤09 在26号色的基础上叠加27号和30号，丰富一下颜色层次。

| 271 | 272 | 273 | 26 | 27 | 30 |

活跃的弧线背景

颜色的深浅变化

暗部的高光刻画

纹理刻画

步骤10 用273号深灰色马克笔细化发动机部分结构和投影，用绿色马克笔画出弧线背景，最后用白色铅笔刻画纹理和高光。

10.8 农用车设计

步骤01 画出轮子的位置，再根据比例画出大致轮廓。

步骤02 调整造型后把主要的结构线加重。

步骤03 用浅色线条表达出型面的转折关系。

步骤04 用铅笔刻画轮子的细节，加重主要的分模线。

步骤05 用270号马克笔为暗部铺一层底色。

步骤06 用156号橙色马克笔为另一种材质的暗部铺色。

270　271　272　273　156

虚化处理

亮暗对比加强

受光面留白处理

笔触的连贯

笔触快慢控制颜色深浅

步骤07 分别用同色系的灰色马克笔（271号至273号）丰富型面的颜色变化，明暗交界处可以用更深的颜色来强化对比。

10.9 挖掘机设计

步骤01 用几何体块将挖掘机的轮廓表达出来。

步骤02 调整整体的造型比例，暂时忽略细节部分。

步骤03 根据挖掘机的结构特征，慢慢把相应的主要结构画出来。

步骤04 用铅笔刻画挖掘机的铲斗，注意有些结构是有圆角的。

步骤05 大致的线稿差不多完成后，用橡皮把画面上多余的杂线清理干净。

步骤06 用272号马克笔为滚动轮的暗部铺上颜色，圆角转折的地方先留白处理。

步骤07 用浅一点的马克笔（270号）为亮部铺上颜色，由于是平面，因此可以直接平铺。用铅笔画出挖掘机投影轮廓。

步骤08 用137号马克笔为驾驶舱铺上颜色，注意运笔要顺着结构的走势。

步骤09 用140号马克笔在红色区域强调结构转折的地方，注意笔触的粗细变化。

步骤10 用273号马克笔为挖掘机投影上色，再用铅笔修整滚动轮与投影接触的地方。

270 272 273 137 140

线稿部分

运笔干脆，体现金属质感

近实远虚处理

光影笔触

步骤11 用白色铅笔刻画高光和细节，其他结构可以不铺色，使焦点定在挖掘机的主体。

10.10 概念车设计

步骤01 定好长宽比例，画出大致轮廓。

步骤02 调整车身比例，修整线条。

步骤03 用铅笔刻画出轮子细节。

步骤04 用271号马克笔画出车顶部的明暗交界线。

步骤05 用272号马克笔加重明暗交界线，用273号马克笔填充轮毂区域。

步骤06 用颜色浅一点的灰色马克笔（270号）从明暗交界线过渡到灰面。

步骤07 用241号马克笔划分出腰线部分的暗部区域。

步骤08 用241号马克笔为腰线部分铺色，铺色的时候注意曲面的转折变化，适当留白作为高光。

步骤09 用242号马克笔画出明暗交界线并加深暗部。

步骤10 为了强化明暗对比和体现质感，可以用272号马克笔在蓝色的明暗交界线上加重。用铅笔画出背景轮廓。

环境色　　　强化明暗交界线　　　小笔头的应用　笔触的连贯

留白的笔触控制

步骤11 分别用同色系的马克笔在型面上画出过渡的笔触，丰富汽车主体的颜色变化。用4号马克笔为背景铺色，最后用白色铅笔刻画高光。

10.11 练习任务

要求：参考本章的交通工具类效果图，选取其中一个案例进行临摹，可以主观变换视角和配色。

第11章.

学员作品

本章展示的手绘作品选自往届学员的课堂作品。往届学员来自各地高校，他们汇聚到一起，学习工业设计手绘基础课程。大部分学员都是零基础，甚至是跨专业，但他们依然画得很好。在学习过程中，应注重基本功的练习，以理解为前提，进行举一反三的应用与实践。

CLASS FABER

ZIP5 mp

TASER—C2

coffee maker

Earpiece No.1